Prüfungsfragen Straßenbauer-Meister

Impressum:
Autor:
Straßenbauer Meister
Peter Stenger
Bad Berleburg
Peter.Stenger@gmx.de

Herstellung und Verlag: Books on Demand GmbH, Norderstedt

ISBN 978-3-8423-4887-5

Inhaltsangabe:

Thema:	Seite:
Prüfungsfragen Asphalt	3
Bitumen	6
Fachtechnologie	11
VOB	24
Baustoffkunde	25
Vermessung	36

Asphalt:

1. Was ist Naturasphalt und woraus besteht er?

   - **Naturasphalt besteht aus 50 % Bitumen und 50 % Gesteinskörnung.**
   - **Naturasphalt sind i.d.R. Erdölvorkommen die an die Oberfläche gekommen sind und dort Ihre verflüchtenden Bestandstoffe abgeben und somit das flüssige Bitumen übrig bleibt.**

2. Nenne Sie ein Beispiel für einen Naturasphalt und beschreiben Sie wie dieser Asphalt transportiert und verarbeitet wird.

   - **Trinidad Eporé. Aus dem vorhandenen Asphaltsee wird ausgebaggert und unter Energiezugabe (Hitze) transportiert. Fällt die Wärmekette aus, kühlt das Material ab und erhärtet. Verarbeitet wird er mit einer Temperatur von 200 °C.**

3. Aus welchen Bestandteilen besteht ein Asphalt?

   - **Aus Bitumen; Füller; Grobe (gebrochene) Gesteinskörnung**

4. Was ist Asphaltmastix und woraus besteht er?

   - **Besteht aus Mörtel; abgestufter Gesteinskörnung; (Mörtel besteht aus Bitumen und Feinstkörnung.)**

5. Nennen Sie 5 im Straßenbau gängige Asphaltsorten:

   - **Asphaltmastix; Splittmastixasphalt; Asphaltbeton; Asphaltbinder; Tragdeckschicht; Gussasphalt; Tragschicht; offenporiger Asphalt (OPA)**

6. Was ist der Unterschied zwischen Walzasphalt und Gussasphalt?

   - **Gussasphalt verdichtet sich von selbst weil er flüssig/heiß eingebaut wird. Walzaspahltt ist luftporig und diese Poren werden geschlossen und das gefüge der Körnung rutscht ineinander beim walzen.**

7. Welche Funktionen erfüllen Hohlräume im Walzasphalt?

   - **Sie ermöglichen das Ausdehnen des Asphaltes. Die Körnung kann sich verschieben bei Dehnungen durch Belastung und Temperatur.**

8. Wie wird Gussasphalt eingebaut?

   - **Heiß und flüssig. Mind. 190 –200 °C**

9. Wie wird Walzasphalt eingebaut?

- **Mit einem Fertiger. Asphalt wird heiß eingebaut 120 – 160 °C. Mit dem Fertiger vor verdichtet, auf ca. 98% und dann mit der Walze geknetet damit die letzten Poren sich schließen.**

10. Welcher Asphalt wird auch zur Abdichtung von z.B. Brückenbauwerken verwendet?

- **Gussasphalt.**

11. Was ist Asphaltbeton und wo wird er eingesetzt?

- **Asphaltbeton wird als oberste Deckschicht benutzt. Sie soll möglichst sicher sein und die obersten Schichten abdichten gegen Wasser.**

12. Wodurch unterscheidet sich der Asphaltbeton vom Zementbeton?

- **An den Bindemitteln und an der Festigkeit. Asphaltbeton kann Dehnungen aufnehmen.**

13. Welche Aufgaben hat ein Asphaltbinder?

- **Sie sollen die Schubkräfte zwischen den einzelnen Schichten abfangen.**

14. Nennen Sie zwei gängige Bezeichnungen für Asphaltbindermischgut?

- **0/22 S; 0/16 S; 0/16 ; 0/11**

15. Was ist Asphaltgranulat?

- **Ein recycelter Asphalt der zu 45% in einen neuen Asphalt eingebaut werden kann.**

16. Was bezeichnet man als Asphaltdecke?

- **Die oberste Schicht der Fahrbahn aus Asphalt.**

17. Wodurch unterscheidet sich eine Asphaltdecke von eine Asphaltdeckschicht?

- **Es gibt keinen Unterschied.....**

18. Welche Aufgabe hat eine Asphalttragschicht?

- **Den Aufbau der Straße zu „tragen“. Die Kräfte auf den Untergrund wenig weiterzuleiten und zu kompensieren.**

19. Nennen Sie Beispiele für Ausbauasphalt?

- **Asphalt der ausgebaut wird!**

20. Was ist eine Dränasphaltschicht und wie funktioniert sie?

- **Asphalt mit offenporiger Struktur. Durch die Poren kann das Wasser abgeführt werden.**

21. Wodurch unterscheidet sich eine Dränasphaltschicht von einem offenporigem Asphalt?

- **Es gibt keinen.**

22. Was versteht man unter Bindemittelfilm und was unter Mörtelfilm?

- **Bindemittelfilm ist Bitumen allein, und Mörtelfilm ist Bitumen plus Feinstkornanteil (Füller)**

23. Bei welchem Asphalt werden vorzugsweise stabilisierende Zusätze (z.B. Zellulosefasern) zugesetzt?

- **Splittmastixasphalt**

24. Wodurch unterscheidet sich ein Splittmastixasphalt von einem Asphaltbeton?

- **Splittmastixasphalt ist geeignet für alle Bauklassen. Asphaltbeton nur Bauklasse V und VI.**
- **Es wird ein härteres Bitumen eingesetzt als beim Asphaltbeton**

25. Was ist eine Tragdeckschicht und wo wird sie vorzugsweise eingesetzt?

- **einschichtige Befestigung auf Straßen untergeordneter Bedeutung**
- **Sie enthält Eigenschaften einer Tragschicht und einer Deckschicht.**
- **Auf ländlichen Wegen, Rad und Gehwegen**

26. Warum muss Walzasphalt verdichtet werden?

- **um ausreichende Dichte herzustellen;**
- **Um das Gefüge ineinander zu drücken**

27. Welche Prüfverfahren für Asphalt kennen Sie?

- **Eignungsprüfungen durch den Auftragnehmer**
- **Marschall Probekörper mit Druckversuch**
- **Fließwert nach Marschall**
- **Eindringtiefe durch Prüfstempel**

28. Wie wird der Hohlraumgehalt und der Verdichtungsgrad ermittelt?

- **rechnerisch aus der Raumdichte des Probekörpers und der Rohdichte des Mischguts**

29. Welche Möglichkeiten der Wiederverwendung von Asphalt kennen Sie?

- **Fräsgutverwendung als Tragschicht oder Frostschutzschicht**
- **Durch Energiezufuhr wird das Mischgut getrennt und einzeln wiederverwertet**

30. Was verstehen Sie unter Recycling von Asphalt auf der Straße? Nennen Sie zwei Beispiele mit ihren Unterschieden?

- **siehe oben**

Bitumen:

1. Wo wird Erdöl gefördert ? Nenne 3 Fördergebiete

- **In Irak (Kuwait), Saudi Arabien, Nordsee, Russland,**

2. Woraus besteht Erdöl?

- **Kohlenwasserstoffen**

3. Wie wird Erdöl von der Förderanlage bis zur Raffinerie transportiert?

- **Entweder durch eine Pipeline oder per Schiff (Großtanker).**

4. Was hat Erdöl mit Bitumen zu tun?

- **Bitumen ist sozusagen ein Abfallprodukt bei der Herstellung von Benzin und Diesel.**

5. Wie heißt der Prozess in der Raffinerie, bei dem die verschiedenen Inhaltsstoffe des Erdöls mittels thermischer Energiezufuhr gewonnen werden.

- **Destillation, dabei muss man unterschieden zwischen Atmosphärischer Destillation und Vakuum Destillation.**

6. Nenne drei Produkte aus diesem Prozess:

- **Benzin, Diesel, Schwerbenzin, Leichtpropan**

7. Wie heißt der Rückstand bei diesem Prozess

- **Bitumen**

8. Woraus wird Bitumen gewonnen?

- **Aus Erdöl**

9. Wie und unter welchen Umständen wird Bitumen transportiert

- **In einem beheizten Tankwagen**

10. Nenne drei Bitumenverarbeitungsformen mit ihren Zusätzen die das Bitumen auch kalt verarbeitbar machen?

- **Bitumenschlämme, Bitumen und Sand**
- **Bitumenemulsion, Bitumen mit Kationischer Aufladung**
- **Haftkleber, Bitumen mit Lösemittel**

11. Was bedeutet Destillationsbitumen?

- **Das dieses Bitumen aus Rohöl hergestellt wurde**

12. Was ist Oxidationsbitumen?

- **Das heiße Bitumen wird mit Sauerstoff Luft Gemisch von unten nach oben durchgeblasen.**

13. Nenne drei Bitumensorten für den Straßenbau, alte Bezeichnung und neue Bezeichnung (nach EN):

- **B 50/70; B 70/100; B 20/30**

14. Welches Straßenbaubitumen wird üblicherweise in Asphaltdeckschichten für hoch belastete Straßen verwendet?

- **B 50/70**

15. Nennen Sie je ein Bsp. für ein weiches und ein hartes Straßenbaubitumen:

- **B 20/30 ist ein hartes Bitumen**
- **B 70/100 ist ein weiches Bitumen**

16. Was ist ein Fluxbitumen und woraus besteht es?

- **Fluxbitmen sind Straßenbaubitumen, die durch Zusatz von schwer flüchtigen Fluxölen (hochsiedende Kohlenwasserstoff-Lösemittl oder auch Rapsöl) eine herabgesetzte Viskosität erhalten und dadurch bei geringeren Temperaturen verarbeitet werden können.**

17. Was ist ein Polymerbitumen und wofür wird es verwendet?

- **Bitumen wird durch zumischen von Polymeren (Kunststoffe mit kettenförmigen Molekülen) dazu gebracht ein bessere Haftung an den Körnungen zu erhalten. Außerdem soll die Versprödung verringert werden und die Beständigkeit gegen Verformung verbessert werden.**

18. Was verstehen Sie unter Nadelpenetration?

- **Eine Untersuchung zur Feststellung der Härte eines Bitumens.**

19. Was geschieht bei dem Prüfverfahren „Erweichungspunkt Ring und Kugel"?

- **Es wird die Temperatur bestimmt bei der eine in einem Messingring befindliche Bitumenschicht bei gleichmäßiger Erwärmung unter dem Gewicht einer Stahlkugel eine bestimmte Verformung erfährt.**

20. Welche Kenndaten liefert das Prüfverfahren „Brechpunkt nach Fraas"?

- **Der Brechpunkt gibt die Temperatur an, bei der eine auf ein Stahlblech aufgebrachte dünne Bitumenschicht bei gleichmäßiger Abkühlung unter dem Einfluss einer Dehnungsbeanspruchung Bricht oder Risse bekommt**

21. Nach welchem Prüfverfahren werden die Bitumensorten bestimmt? Geben Sie bitte ein Beispiel an:

- **nach allen dreien.**
- **Penetration bestimmt die Härte**
- **Fraas bestimmt zusätzlich noch den Sprödigkeitspunkt oder den Temperaturpunkt bei dem das Bitumen bricht**

22. Mit welchen Produkten kann der Schichtenverbund z.B. zwischen Binder und Deckschicht verbessert werden?

- **Haftkleber oder Bitumenemulsion**

23. Aus welchem Bestandteilen besteht eine Bitumenemulsion?

- **Bitumen in Wasser und einer Emulsion die das zusammenkleben der Bitumentröpfchen im Wasser verhindern**

24. Was bedeutet U 60 K?

- **Unstabil 60 % Bitumen Kationisch**

25. Wie groß sind die Bitumenkügelchen in einer Bitumenemulsion?

- **Mikroskopisch klein**

26. Wodurch wird vermieden, das sich das Bitumen in der Emulsion absetzt?

- **Durch den Emulgator**

27. Wodurch wird vermieden das sich die Kügelchen in der Emulsion miteinander verkleben?

- **Durch den Emulgator**

28. Was bedeutet der Ausdruck „Brechen der Emulsion"?

- **Der Punkt an dem die Emulsion ihre Farbe von Braun nach schwarz ändert.**
- **Das reagieren der Emulsion mit anderen Stoffen nennt man auch Brechen**

29. Welche 2 Emulsionsarten nach Ihrer elektrischen Ladung unterscheidet man?

- **kationische Ladung**
- **aniodische Ladung**

31. Worin unterscheiden sich die beiden Emulsionsarten in Bezug auf die Verarbeitung?

- **kationische Ladung ist besonders haftend auf sauren Gesteinen wie Granit und Quarzit.**
- **Aniodische Ladung bilden beim aufspritzen einen wässrigen Film auf der Oberschicht**

32. Aus welchen Bestandteilen besteht eine Bitumenschlämme?

- **Aus Bitumen und Sand**

33. Was ist Straßenpech oder Straßenteer?

- **Pech oder Teer wurde früher aus Steinkohle gewonnen.**
- **Bei der Herstellung von Koks entstanden Gas und Teer**
- **Durch weitere Destillation wurde: Benzol, Lösungsmittel, Naphtalin, Heizöl und das altbekannte Karbolineum zum streichen von Zäunen gewonnen**.

34. Woraus wird Straßenpech gewonnen?

- **siehe Antwort zu Frage 33**

35. Wie heißt der Prozess bei dem Straßenpech gewonnen wird?

- **Verkokung**

Fachtechnologie:

1. In der RSTO sind in der Tafel 1 „Bauweisen mit bit. Decke für Fahrbahnen“ aufgelistet. Um welche Möglichkeiten handelt es sich hierbei?

   - **Asphalt auf Frostschutz**
   - **Asphalt auf Schotter**
   - **Asphalt auf hydraulisch gebundener Tragschicht**

2. Das Verformungsmodul (Ev2-Wert) muß mindestens wie viel MN/m² betragen?

   - **auf dem Erdplanum 45 MN/m²**
   - **auf der FSS bei den Bauklassen SV, I bis IV 120 MN/m²**
   - **auf der Schottertragschicht bei den Bauklassen SV, I bis IV 150 MN/m²**

3. Je nach der Zusammensetzung werden Tragschichten wie unterschieden?

   - **ungebundene**
   - **hydraulisch gebunden**
   - **Asphalttragschichten**

4. Welche Mischgutarten (Typen) gibt es bei den Asphalttragschichten?

   - **A; AO; B; C; CS**

5. Ab welchen Temperaturen dürfen folgende Asphalte nicht mehr eingebaut werden?

   - **Deckschichten ab + 3 °C Lufttemperatur**
   - **Asphaltbinder ab +/- 0 °C Lufttemperatur**
   - **Asphalttragschichten – 3 °C Lufttemperatur**

6. Was versteht man unter „Besonderen Beanspruchungen“ einer Verkehrsfläche? Welche Mischgutart der Asphalttragschicht darf dort nur verwendet werden?

   - **Spurfahrender Verkehr**
   - **Viel Stop&Go Verkehr**
   - **Schwerlastverkehr**
   - **Obere Schicht: CS**
   - **Untere Schicht : B; C; CS**

7. Die Herstellung von Tragschichten nach der ZTVT-StB setzt voraus, dass die Unterlage geeignet ist. Wie muss sie insbesondere beschaffen sein?

   - **standfest**
   - **tragfähig**
   - **profilgerecht**
   - **sie darf nicht gefroren sein**

8. Für das abgeladene Asphaltmischgut gibt es an der Einbaustelle untere Grenzwerte in Grad Celsius:

- **Binder: 120 – 130**
- **Asphaltbinder: 120 – 130**
- **Splittmastix: 120 – 130**
- **Gussasphalt: 200**
- **Asphaltmastix: 170 – 180**
- **Tragdeckschicht: 100 – 120**
- **In Abhängigkeit des Bindemittels auch niedrigere Temperaturen**

9. Das Mischgut Tragdeckschicht wird wie definiert?
Mit welcher Körnung wird es hergestellt und wo findet es hauptsächlich Anwendung?

- **0/16 Bauklasse IV – VI für Feldwege, Rad- und Gehwege**

10. Beim Einbau von FSS gibt es die Einbaumethoden „Vor Kopf Verfahren" und „Langmahdverfahren". Welches sind die wesentlichen Unterschiede?

- **VKV: die LKWs fahren in die Baustelle ein, kippen dort ab und ein Grader/Raupe verteilt es.**
- **LMV: Die LKWs kippen das Material seitlich an der Baugrube ab und befahren das Planum nicht.**

11. Welche Aufgaben übernimmt die Asphaltbinderschicht?

- **Sie nimmt die Schubspannungen auf. Sie soll Decke und Tragschicht schubfest miteinander verbinden.**

12. Beim Einbau von Asphaltbinder werden entweder die Körnungen 0/16, 0/16S oder 0/22S mm (0/11 mm nur zum Profilausgleich) je nach bauklasse verwendet. In wie viel lagen und in welcher Dicke bzw. kg/m² sollen die Asphaltbinderschichten eingebaut werden?

- **In der Regel ein einlagiger Einbau**
- **0/16 – 4 cm**
- **0/22 – 8 cm**
- **i.d.R. 3-4 fache Korngröße**

13. Wie ist die Abböschung der Ränder des Asphaltoberbaus auszuführen?

- **i.d.R. 2:1**
- **bei Gussasphalt senkrecht**

14. Nennen Sie geeignete Mischgutarten für das Herstellen einer Deckschicht:

- **Gussasphalt**
- **Splittmastix**
- **Asphaltmastix bedingt. I.d.R. als Schutzschicht auf Brücken**
- **Asphaltbeton**

15. Definieren Sie die Zusammensetzung von Splittmastixasphalt:

- **besteht aus Mineralstoffgemisch mit Ausfallkörnung und Straßenbaubitumen und stabilisierenden Zusätzen**
- **Zusatzstoffe – organische und mineralische Faserstoffe, Kieselsäure und Polymere in Pulver-oder Granulatform.**

16. Was ist eine Ausfallkörnung?

- **Wenn in einer Sieblinie ein bestimmtes Korn nicht vorkommt**

17. Welche Grundsätze gelten bei Oberbodenarbeiten?

- **Sie sind immer getrennt von anderen Arbeiten zu tätigen**
- **Oberboden ist immer gesondert von anderen Böden zu lagern**
- **Seine Eigenschaften dürfen durch Ausbau, Lagerung und Einbau nicht verloren gehen**
- **Oberboden ist unverdichtet (In Mahden) zu lagern**
- **Bei längerer Lagerung ist er anzusähen**

18. Erläutern Sie den Begriff „Unterbau“?

- **Der Unterbau liegt bei einer Dammaufschüttung zwischen Untergrund und Oberbau.**

19. Was ist unter Scherfestigkeit zu verstehen?

- **Wenn ein Untergrundbruch stattfindet. Dies geschieht wenn zwei Lagen/Schichten senkrecht zur Lage getrennt werden durch auf und absteigende Kräfte.**
- **Wenn das Korngerüst sich ineineander so fest verzahnt, das die Flanken nicht aneinander entlangscheren.**

20. Wovon hängt die erreichbare Verdichtung des Baustoffes ab?

- **von der Kornzusammensetzung**
- **vom Wassergehalt**
- **vom Verdichtungsgerät**
- **von der Schichthöhe**

21. Erläutern Sie die Begriffe Regelquerschnitt und Querprofil:

- **Regelquerschnitt: ein Schnitt senkrecht zur Straßenachse mit allen Details und zugehörigen Bauteilen**
- **Querprofil: Ein Schnitt senkrecht zur Straßenachse zur Massen und Mengenermittlung mit allen Maßen und Höhen.**

22. Wie werden Regelquerschnitte auch bezeichnet?

- **Straßenquerschnitte**

23. Welche Faktoren sind für die Wahl der Bestandteile eines Straßenquerschnittes maßgebend?

- **Sicherheit**
- **Leistungsfähigkeit**
- **Wirtschaftlichkeit**

24. In welchen Abständen werden Querprofile aufgenommen?

- **i.d.R. alle 25 m**
- **50 m wenn das Urgelände gleichbleibend ist**

25. Wie erfolgt die Darstellung der Regelquerschnitte und der Querprofile?

- **Maßstab 1:50 (Detail 1:20; 1:10)**
- **Maßstab 1:100**

26. Erläutern Sie den Begriff Extrapolierung des Geländeverlaufs.

- **Es werden die letzten Punkte des jeweiligen zu verlängernden Linien geradlinig verlängert, bis sie sich treffen.**

27. Welche Profile ergeben sich nach der Art von Erdbewegungen?

- **Damm**
- **Einschnitt**
- **Anschnitt**

28. Nennen Sie grundsätzliche Verfahren zur Ermittlung der Profilflächen:

- **Numerisches (Rechnerisch mit Zahlen)**
- **Mechanisch (Polarplanimeter, Rollplanimeter)**
- **Graphisches (Zirkeladdition, Kästchenaddition)**

29. Wozu dienen die graphische und mechanische Verfahren bei der Ermittlung von Profilflächen?

- **Sie dienen zu einer Überschlagsrechnung von Profilen**

30. Wozu dient die graphische Verfahrensweise bei der Ermittlung von Profilflächen?

- **Sie dienen zu Überschlagsechnungen z.B. für Kostenvoranschläge**
- **Zur Kontrolle der Flächengrößen beim Einsatz vom numerischen Verfahren**

31. Nennen Sie graphische Verfahren zur Flächenbestimmung:

- **Zirkeladdition**
- **Kästchenmethode**
- **Zerlegte Flächen in einfache geometrische Figuren**

32. Nennen Sie mechanische Verfahren zur Flächenbestimmung:

- **Polarplanimeter**
- **Rollplanimeter**

33. Zu welchen Verfahren zählt die Flächenberechnung nach der Methode Elling?

- **Numerisches Verfahren**

34. Auf welcher Grundlage erfolgt die Flächenberechnung nach der Methode Elling?

- **Gaußsche Flächenformel**

35. Welche Flächen können mit der Methode Elling bestimmt werden?

- **Alle geradlinig begrenzten Flächen die mit Koordinaten versehen werden können.**

36. Welchen Vorteil bietet die Methode Elling?

- **leichte Programmierbarkeit**
- **zeitlich und kostengünstige Methode**

37. Nennen Sie Arten von Flächenberechnungen im Straßenbau:

- **VOB (Näherungsformel)**
- **Überschlags**
- **Effektiv (mit festen Formeln)**

38. Wie erfolgt die Mengenberechnung für Erdreich und Frostschutz im Straßenbau?

- **Es wird die Methode der Mengenberechnung aus Querprofilen angewendet**

39. Erläutern Sie die Standardformel zur Massen – bzw. zu Mengenberechnung:

- **Die Flächen zweier Profile werden addiert, danach durch 2 geteilt und mit dem Abstand der Profile multipliziert**

40. Nennen Sie neben der Standardformel weitere Formeln, die bei Festlegung angewendet werden können:

- **Simpson´sche Formel; Pyramidenstumpfformel; Rampenformel**

41. Welche Verdichtungsmaschinen lassen sich vorzugsweise einsetzen bei

- **bindigen Böden: statische Maschinen (Schaffußwalze, Noppenbandage)**
- **nichtbindige Böden: dynamische Maschinen (Vibrationsstampfer, Rüttelplatte)**

42. Wie muss ein vorschriftsmäßiges Planum nach ZTVE-StB beschaffen sein?

- **Standfest**
- **Profilgerecht**
- **Eben**
- **Tragfähig**
- **Auf einer Messstrecke von 4 m, 3cm bei nicht gebundenen Böden, bei gebundenen Böden 2 cm**
- **2 cm auch wenn eine geb. Tragschicht aufgebracht wird**

43. Mit welchen Verfahren lassen sich die Bodenverdichtungen der einzelnen Schichten auf der Baustelle prüfen?

- **Mit LP Versuch**
- **Künzelstab**
- **Leichte Ramsonde**
- **Proctordichte (im Labor)**

44. Welche Böschungswinkel gelten nach DIN 18300 für die Abrechnung?

- **40° bei BKL 3-4**
- **60° bei BKL 5**
- **80° bei BKL 6-7**

45. Welche Böschungswinkel müssen beim Bau unverbauter Baugruben und Rohrgräben nach DIN 4124 eingehalten werden?

- **45° bei nichtbindigen Böden**
- **60° bei steifen,- halbfesten Böden**
- **80° bei Fels**

46. Unter welchen Bedingungen ist der Verbau mit einer Saumbohle gestattet?

- **bei steifen, halbfesten Böden bis höchstens 1,75 m Tiefe.**

47. Wie kann die Baugrubensicherung statt der einzelnen Saumbohle verbessert werden?

- **Durch eine zweite Saumbohle. Welche mit einem Kantholz auseinander gespreizt werden.**

48. In welchen Fällen muß ein Rohrgraben von Anfang an voll verbaut werden?

- **bei nicht ausreichend standfesten Böden**
- **ab 1,75 m Tiefe**
- **bei ungünstigen Witterungseinflüssen**

49. Welche Maßnahmen zur Sicherung von Böschungen kennen Sie?

- **Geotextilienabdeckung**
- **Geokunststoffe als Bewehrungslage**
- **Abtreppungen einbauen**
- **Abböschen 1:1 (leider hohe Grunsstückskosten)**

50. Wovon hängen die Arbeitsabläufe bei der Bodenbewegung ab?

- **Witterungsverhältnisse**
- **Welche Maschinen man zur Verfügung hat**
- **Lösen, laden, transportieren, einbauen, verdichten**

51. Wovon unterscheidet sich der Flachbaggerbetrieb vom Bagger-LKW Betrieb?

- **Flachbagger schafft Material direkt auf Halden, sortenrein. Es müssen keine neuen Mahden gekippt werden**

52. Welche besonderen Maßnahmen werden bei im Hang geplanten Dämmen erforderlich?

- **Abtragung**
- **Untergrundentwässerung**
- **Muldenbildung zur Wasserabführung**

53. Beschreiben Sie die Schüttung eines Hanges?

- **Bei der Aufschüttung ist auf der vollen Breite aufzuschütten und lagenweise zu verdichten**
- **Die Profilierung ist später vorzunehmen**

54. Wovon ist die Verdichtungsgüte eines hergestellten Erdkörpers abhängig?

- **von der Bodenart**
- **vom Verdichtungsgerät**
- **vom Wassergehalt**
- **von der Schütthöhe**

55. Wie muss das Erdplanum von Verkehrsflächen beschaffen sein?

- **Profilgerecht**
- **Eben**
- **Tragfähig**
- **Vorgeschriebene Mindestgefälle 2,5 % im Dammbereich, 4 % im Einschnittsbereich**

56. Durch welche Pläne kann eine Baumaßnahme dargestellt werden?

- **Höhenplan**
- **Lageplan**
- **Straßenquerschnitt**

57. Erklären Sie die Abkürzungen

- **ZTVE StB:zusätzliche Technische Vereinbarungen für Erdarbeiten im Straßenbau**
- **ZTVT-StB: zusätzliche Technische Vereinbarungen für Tragschichten im Straßenbau**
- **UVV: Unfall Verhütungs Vorschrift**

58. Welche Gewährleistungsfristen gelten für Bauwerke?

- **5 Jahre laut BGB**
- **4 Jahre laut VOB (Ausnahme: für vom Feuer berührte Teile von Feuerungsanlagen 2 Jahre, für Abgasdämmende Teile von industriellen Feuerungsanlagen 1 Jahr)**

59. Erläutern Sie die Bedeutung der Arbeitsvorbereitung und welche Vorarbeiten vor Baubeginn auf dem Baugelände durchzuführen sind:

- **Verkehrslage der Baustelle bestimmen**
- **Versorgung der Baustelle mit Strom, Wasser usw. festlegen**
- **Verkehrsführung während der Arbeiten bestimmen**
- **Das erforderliche Personal festlegen**
- **Etwaige Bodengutachten erstellen/lassen**
- **Abklären mit Versorgern wegen Versorgungsleitungen in Tiefe**

60. Warum müssen Abtrag und Auftrag das Oberbodens gesondert von den anderen Erdarbeiten ausgeführt werden?

- **Oberbodenarbeiten sind immer gesondert auszuführen, da dieser nur begrenzt verfügbar ist.**

61. In welcher Stärke wird der Oberboden abgetragen?

- **30 cm**

62. Was ist eine Abnahme der Bauleistung?

- **Eine örtliche Prüfung der erbrachten Leistung durch den Auftraggeber nach der Fertigstellung, oder nach erbrachten Teilleistungen als Zwischenabnahme.**

63. Wann wird eine Flächenberechnung vorgenommen?

- **Zur Massenermittlung**
- **Zur Ermittlung einer Fläche für die Material gestellt werden muss**
- **Wenn ei Angebot erstellt wird, für Preisermittlung**

64. Wann können die Leistungen anhand von Zeichnungen ermittelt werden?

- **Sie können nur dann entnommen werden, wenn keine Abweichungen zwischen Zeichnung und Bauwerk bestehen.**

65. Warum werden die Bodenklassen 2-5 im LV und bei Abrechnungen zusammengefasst?

- **Bodenklasse 2 wird meist gesondert abgerechnet**
- **3-5 wird zusammengefasst weil sie mir dem gleichen Geräten bearbeitet werden**

66. Welche Bedeutung haben die Böschungsstriche im Lageplan?

- **Die Striche zeigen immer von Oberkante nach Unterkante.**

67. Erklären Sie den Begriff LV?

- **Leistungsverzeichnis**
- **Ein LV fasst alle zu erbringenden Leistungen der jeweiligen Baumaßnahme zusammen**
- **Einheiten in m^3, m^2, t, m**
- **Es dient zur Kalkulation für den AN**

68. Wofür muss der Bauausführende (AN) dem Auftraggeber (AG) haften?

- **Das Gewerk muss Mängelfrei sein**
- **Das Gewerk muss nach dem derzeitigen Stand der Technik sein**
- **Für Materialien die bereits verbaut sind, aber noch nicht abgenommen sind**

69. Was versteht man unter Abrechnung?

- **Alle erbrachten Leistungen können nach dem LV mit Positionsnummer und Einheitspreis vergütet werden. Man sendet dem AG eine Rechnung.**

70. Was ist Abtrag?

- **Mengenmäßige Entfernung mit Bagger oder Raupe einer oder mehrerer Bodenschichten.**

71. Was ist Auflockerung?

- **Das Material geht von der Einbaudichte in die Schüttdichte über.**

72. Was ist Aushub?

- **Erstellung von Baugruben und Gräben**

73. Was ist Auftrag von Böden?

- **Ein lagenweiser Einbau/Aufschüttung von Böden die verdichtet werden**

74. Wie groß ist der Arbeitsraum in einer Baugrube zu den Seiten herzustellen?

- **0,50 m (Er soll begehbar sein)**

75. Erklären Sie den Begriff Aufmaß:

- **Erfasst werden darin alle tatsächlich erbrachten Leistungen**

76. Was steht im Bauzeitenplan?

- **welche Arbeiten für welchen Zeitraum zur Ausführung geplant sind**

77. Was sind Nebenleistungen nach VOB-Teil C, den sogenannten ATV?

- **alle Leistungen welche zur Leistungserbringung einer LV Pos erforderlich sind.**
- **Z.B. anfahren der Baustoffe**
- **Aufmassberechnung**
- **Leistungen die nicht gesondert erwähnt werden, jedoch in der Leidung enthalten sind**

78. Was können besondere Leistungen sein?

- **Überwachen anderer Firmen**
- **Besondere Prüfungen von Baustoffen**
- **Planerische Leistungen**

79. Was ist die VOB? Welche Rechtsnatur hat sie?

- **Verdingungsordnung für Bauleistungen**
- **Vergabe und Vertragsordnung für Bauleistungen**
- **Kein Gesetz, sondern eine Verordnung**

80. Was regelt die VOB/A?

- **Die Ausschreibung und die Vergabe der öffentlichen Hand**

81. Ist es dem Bieter erlaubt, sogenannte Mischkalkulationen anzubieten?

- **Nein, er kann damit von der Vergabe ausgeschlossen werden**

82. Was ist bei der Mengenberechnung grundsätzlich zu beachten?

- **Sie sollte überprüfbar sein und dem AN bei der Kalkulation helfen**
- **Sie soll den Positionen im LV entsprechen**
- **Sie muss nachvollziehbar von dritten sein**

83. Was wird bei der Koordination mit den Versorgungsträgern und dem Kanalbau geregelt?

- **Art und Umfang der Arbeiten**
- **Zeitpunkt der Durchführung**
- **Lage der Leitungen**

84. Wie wird die Entwässerung während der Bauzeit geregelt (z.B. für Tag,- und Oberflächenwasser bzw. Grundwasser und Drainage)?

- **Durch geeignete Abdeckung mit Folie oder Mulden zum abführen des Oberflächenwassers**
- **Durch Pumpen und Drainagen für hochsteigendes Grundwasser**
- **Jedoch sind Pumpleistungen und Drainagen zu vergüten**

85. Welche Besonderheiten gibt es bei Entwässerungs- und Kanalbauarbeiten?

- **Dort sind die Leistungen wie Pumpen und Drainage im LV inbegriffen**

86. Warum wird die ZTVE-StB im Straßenbau vereinbart?

- **Um einen Standard zu gewährleisten**
- **Sie sind eine Ergänzung zur DIN 18300 für den Straßenbau**

87. Welche Abrechnungseinheiten gibt es?

- **m; m^2, m^3, t, St, Std**

VOB:

1. Welche Unterschiede bestehen zwischen geschlossenen Formeln und den üblichen Näherungsverfahren nach VOB?

    a. **Die geschlossenen Formeln geben i.d.R. geringere Mengen ab als die Näherungsformeln**
    b. **Die Näherungsformel ist besser für den Unternehmer**
    c. **Geschl. Formel ist genauer**

2. Wo sind die Abrechungsregeln festgelegt?

    a. **VOB/B § 14**
    b. **VOB/C ATV Nr. 5**

3. Was dient als Grundlage zur Arbeitsvorbereitung?

    a. **LV, Zeichnungen, besondere Vereinbarungen**

4. Wie sind die Bauleistungen nach der VOB/A zu beschreiben?

    a. **erschöpfend und klar verständlich**

5. Erklären Sie den Unterschied zwischen „Nebenleistungen" und „Besonderen Leistungen".

    a. **Nebenleistungen werden nicht vergütet**
    b. **Besondere Leistungen werden auch gesondert ausgewiesen und danach vergütet**

6. Wer hat die ausgeführten Leistungen bis zur Abnahme vor Beschädigung und Diebstahl zu schützen?

    a. **Der Auftragnehmer**

7. Welche 5 verschiedenen Arten der Abnahme gibt es?

    a. **stillschweigende Abnahme**
    b. **förmliche**
    c. **formlose**
    d. **fiktive**
    e. **konkludente**

8. Welche Bedeutung hat die Abnahme für den AN und den AG?

   a. **Die Gewährleistung fängt an zu laufen**
   b. **Die Gefahr geht auf den AG über**

9. Wann wird nach der VOB/B eine Abschlagszahlung fällig?

   a. **Ab einer erbrachten Leistung von 20 – 25 % kann eine Abschlagsrechnung erstellt werden.**
   b. **Sie ist in möglichst kurzen Zeitabständen zu entrichten**

10. Welche Regeln sind für die "Verjährung von Vergütungsansprüchen" eines VOB-Vertrages maßgeblich?

    a. **3 Jahre zum Ende des Kalenderjahres der Rechnungsstellung**

11. Was sind „Bedarfspositionen im Sinne der VOB"?

    a. **Sie können, aber müssen nicht vorkommen**
    b. **Der AN kann keinen entgangenen Gewinn geltend machen wenn Sie nicht vorkommen**

12. Was hat der Auftragnehmer zu veranlassen, wenn er sich in der Ausübung seiner Leistung behindert fühlt?

    a. **Schriftliche Behinderungsanzeige laut VOB erstellen und am besten persönlich überbringen und gegenzeichnen lassen**
    b. **Dem AG ist die Art und die Dauer der Behinderung anzuzeigen**

13. Nach VOB ist eine Sicherheitsleistung im Bauvertrag zu vereinbaren. Auf welche Arten kann dieses geleistet werden?

    a. **Durch Bankbürgschaft**
    b. **Sperrsparkonto**
    c. **Geldeinzahlung auf ein Treuhandkonto wo nur beide Parteien gemeinsam Zugriff haben**

Baustoffkunde:

1. Nennen Sie zwei Verfahren zur Bodengrunderkundung:

   - **Schürfung als Entnahme mit Schlitzsonde**
   - **Mit leichter Rammsonde**

2. Nennen Sie die sieben Boden- und Felsklassen der DIN 18300:

   - **1. Oberboden**
   - **2. Fließende Bodenarten**
   - **3. Leit lösbare Bodenarten**
   - **4. mittelschwer lösbare Bodenarten**
   - **5. schwer lösbare Bodenarten**
   - **6. leicht lösbarer Fels**
   - **7. schwer lösbarer Fels**

3. Nach DIN 18300 kennen wir sieben Klassen für Boden und Fels. Die Einteilung erfolgt nach welchen Gesichtspunkten?

   - **nach der Lösbarkeit, nach der Standfestigkeit,**
   - **Körnung**
   - **Konsistenz**
   - **Plastizität**

4. Was wird unter „Verdichten eines Bodens" verstanden?

   - **durch das Kneten und des statische/dynamische Walzen oder Rütteln werden die Hohlräume aus den Poren gepresst.**
   - **Dadurch erhöhen sich Dichte und Tragfähigkeit**

5. Mit welchen beiden Verfahren werden Schluffe und Tone **im Labor** voneinander unterschieden?

   - **Schlämmanalyse**
   - **Konsistenzanalyse**

6. Welche Vorteile bietet die Verdichtungsnachprüfung mit dem Lastplattendruckversuch gegenüber der Verdichtungsprüfung mit dem Proctorversuch?

- **Im vergleich zum Proctorversuch kann der Plattendruckversuch eine größere Schichtdicke (als die 12 cm des Entnahmegerätes beim Proctorversuch) überprüfen.**
- **Größere Schichtdicken**
- **Schnelleres Ergebnis**
- **Leider keine Auskunft über Wassergehalt**

7. Nennen Sie drei Verfahren zur Bestimmung des Wassergehaltes. (Menge des Wassers in GW.-% als Ergebnis des Versuchs)

- **Ofentrocknung**
- **Carbit – Methode / CM –Methode**
- **Tauchwägung**
- **Pyknometer – Verfahren**

8. Was ist der U-Wert und was gibt die Cc-Zahl an? Bezug auf Seite Nr. 8

- **U ist die Ungleichförmigkeitszahl. Sie gibt die Steilheit der Körnungslinie an.**
- **Cc ist die Krümmungszahl. Sie gibt den verlauf der Sieblinie in einem bestimmten Bereich an.**

9. Was muss grundsätzlich bei einem Verbau (unabhängig davon, welche Verbauart gewählt wird) beachtet werden? Geben Sie 5 Grundsätze an.

- **lt. DIN 4124 wird vorgeschrieben das nur geschultes Personal Tiefbauarbeiten ausführt. Jeder Verbau muss am Boden dicht abschließen und an der Geländeoberkante mind. 10 cm überstehen.**
- **Zwischen Boden und Verbau entstandene Hohlräume müssen mit Boden verfüllt und verdichtet werden.**
- **Jeder Verbau muss lückenlos sein, d.h. zwischen den einzelnen Bohlen darf kein Material (Boden) in die Baugrube eindringen können.**
- **Bis 5 m Tiefe sind die Sicherheitsanforderungen und UVV festgelegt. Ab 5 m ist ein Standsicherheitsnachweis erforderlich.**
- **Werden Steifen mit Spindeln verwendet, so sind die Spindeln abwechselnd nach links und rechts zu stellen.**
- **Nach Regenfällen sind die Baugruben zu überprüfen.**
- **Immer volle Tiefe verbauen**
- **60 cm lastfreier Streifen neben dem Verbau**
- **1 m Abstand bei unter 12 t Geräten, 2 m Abstand bei über 12 t Geräten**

10. Schildern Sie den Lastplattendruckversuch?

Wozu dient er?
Welcher Zusammenhang steht zwischen dem Verdichtungsgrad Proctor und dem Verformungsmodul (Ev 2)?

- **Er dient zur Überprüfung der Standfestigkeit des Bodens.**
- **Mit dem Proctorversuch wird der optimale Wassergehalt festgestellt.**
- **Die Proctordichte definiert sich als die größte erreichbare Trockendichte bei einem Wassergehalt, der noch von der Probe gehalten wird.**

11. Um einen Boden ausreichend verdichten zu können, muss der Boden im Labor geprüft werden.

a. Was wird mit diesem Versuch ermittelt?
- **Der optimale Feuchtigkeitsgrad des Bodens beim Verdichten.**

b. Wie wird er durchgeführt?
- **Eine Probe wird mit einem festgelegten Volumen aus dem verdichteten Boden entnommen(ausgestochen) und im Labor getrocknet. Danach unter Zugabe von Feuchtigkeit so lange verdichtet bis keine weitere Verdichtung möglich ist.**

12. Skizzieren Sie eine Proctorkurve. Mit Ergebnis, Hilfslinie, Achsenbezeichnung

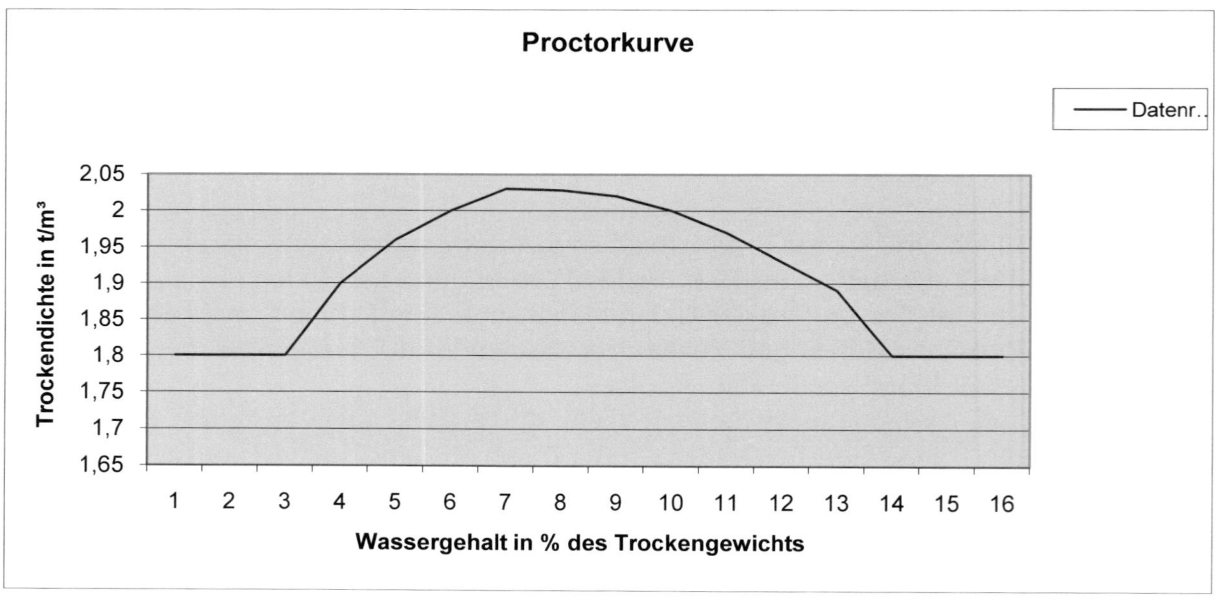

13. Wie heißen die drei Untergruppen der Erstarrungsgesteine?

- **metamorphe Gesteine**
- **sedimentgesteine**
- **sedimente**

14. Geben Sie die Korngröße für die Begriffe Sand, Splitt und Schotter im Straßenbau an:

- **Sand: 0,063 bis 2 mm Korngröße**
- **Splitt: 2 bis 32 mm Korngröße**
- **Schotter: 32 bis 64 mm Korngröße**

15. Natursteine für den Straßenbau müssen der TL-Min –StB 94 entsprechen. Sie müssen bestimmte Eigenschaften aufweisen, welche sind das?

- **Druckfestigkeit, Abriebfestigkeit und Beständigkeit des Frost-Tau Wechsels**
- **Aber diese TL ist überholt und es gelten seit 2003 die neuen DIN EN 1341.**

16. Für Bitumenemulsionen gibt es verschiedene Kurz und Zusatzbezeichnungen. Erläutern Sie:

- **U = Unstabil schnell brechende Emulsion**
- **H = Halbstabile mittelschnell brechend**
- **M = Mischgut**
- **B = Bodenverfestigung**
- **F = Frostbeständige Emulsion (bis etwa –8°C)**

17. Nennen Sie vier Bituminöse Bindemittel nach ihrer Herstellung:

- **Fluxbitumen sind Straßenbaubitumen mit Zusätzen von schwerflüchtigen Fluxölen.**
- **Destillationsbitumen**
- **PmBE-Polymermodifizierte Bitumenemulsionen sind kationische Emulsionen die mit Polymeren (Kunststoffe mit kettenförmigen Molekülen) angereichert sind. Diese finden im Kalteinbau ihr Anwendung.**
- **Hochvakuumbitumen**
- **Oxydationsbitumen**

18. Welche Bindemittelsorte wird vorzugsweise für Oberflächenschutzschichten eingesetzt?

- **PmBE**

19. Beschreiben Sie kurz das Prüfverfahren für die Prüfung der Stempeleindringtiefe an Gussasphalt:

- **Probekörper auf ca. 40 Grad 1 Stunde lagern**
- **Danach ein 5 cm² großer Würfel der auf den Gussasphalt drückt und innerhalb von 0,5 Stunden die Eindringtiefe feststellt.**

20. Nennen Sie zwei wesentliche Unterschiede zwischen Walz- und Gussasphalt?

- **Höhere Einbautemperatur bei Gussasphalt**
- **Keine Verdichtung nötig bei Gussasphalt**
- **Untergrund darf nicht angespritzt werden bei Gussasphalt**

21. Was ist das Marshall-Verfahren und welche Kennwerte werden vermittelt?

- **Temperieren**
- **Stabilität KN**
- **Fließwert in mm**

22. Nennen Sie drei Methoden zur Feldansprache bindiger Böden:

- **Seifenprobe zwischen den Fingern**
- **Reibeprobe**
- **Schüttelprobe**
- **Schneideversuch**

23. In der Bodenansprache kennt man nach DIN 18196 sechs Hauptgruppen zur Einteilung von Böden. Nennen Sie diese:

- **grobkörnige Böden**
- **gemischtkörnige Böden**
- **feinkörnige Böden**
- **Boden mit organischen Beimengungen**
- **Organische Böden**
- **Auffüllungen**

24. Um welche Böden handelt es sich, die nach DIN 18196 folgende Gruppensymbole besitzen?

- **GW – Kies Weitgestuft**
- **SI – Sand Intermittierend**
- **U – Schluff**
- **A – Auffüllung aus Fremdstoff**
- **TM – Ton Mittelplastisch**
- **OH – Humusbeimengungen und Grobgemischte Böden**

25. Nennen Sie vier Qualitätsmerkmale von Pflastersteinen die geprüft werden:

- **Form und Nennmaße**
- **Abriebwiederstand**
- **Druckfestigkeit**
- **Oberfläche (Struktur und Farbe)**
- **Witterungsbeständig (Frost-Taubeständig)**

26. Als Pflasterbettung können verschiedene Korngrößen und Materialien verwendet werden.

a. **Nennen Sie 3 Bettungsmaterialien mit zugehöriger Korngröße**
   - **Splitt 2 – 8 mm**
   - **Sand 0,063 – 2 mm**
   - **Mörtel 2 – 8 mm**

b. **wie stark soll das Pflasterbett im verdichteten Zustand sein?**
   - **es sollte 3 – 5 cm stark sein**

27. Beschreiben Sie kurz das CM Verfahren. Wozu dient es?

- **Carbit – Methode**
- **Nach der Entnahme und sorgfältigen Zerkleinerung des zu beprobenden Materials wird eine genau abgewogene Menge in das CM-Gerät gefüllt und trockenes Kalzium-Carbid, welches sich in einer Glasampulle befindet, hinzugegeben, ebenso drei genormte Stahlkugeln. Nach dem Verschluss der Druckflasche wird die Glasampulle durch kräftiges Schütteln des CM-Geräts durch die darin befindlichen Stahlkugeln zerstört und das Carbid freigesetzt. Durch die danach ablaufende chemische Reaktion des Kalzium-Carbids (es entsteht Acetylengas) steigt der Druck im CM-Gerät an. Über ein an der Druckflasche montiertes Manometer kann der Druck abgelesen werden. Die Größe dieses entstehenden Gasdrucks ist ein Maß für die in der Materialprobe enthaltene Feuchtigkeit (je mehr Feuchtigkeit, desto höher der entstehende Druck).**
- **Es dient zur Ermittlung der Feuchtigkeit in Baustoffen**

28. Nach der Probenahme auf der Baustelle wurden für einen Boden ermittelt:

Eingewogene Probe: 2000 g feucht
Rückwaage: 1880 g trocken
Wie groß ist der Wassergehalt der Probe?

- **120 g Feuchtigkeit entsprechen 6 % Gesamtmasse**

29. Definieren Sie folgende Dichten:

Rohdichte: Dichte im Material
Schüttdichte: Geringste Lagerungsdichte einschließlich Haufwerksporen und Eigenporen
Reindichte: Dichte ohne Eigenporen. Material wird so lange gemahlen bis keine Poren mehr vorhanden sind
Rütteldichte: ist ca. 5 –10 % größer wie Schüttdichte
Trockenrohdichte: größtmögliche Dichte ohne Wassergehalt, bei optimalen Wassergehalt 100% DPr

30. Wie wirkt sich ein Wassergehalt auf die Schüttdichte von Böden aus?
Ordnen Sie die Schüttdichte den richtigen Wassergehalten 0-3-9- Gewichts-% zu und zeichnen Sie eine Kurve. Schüttdichten: 1,55; 1,80; 1,88

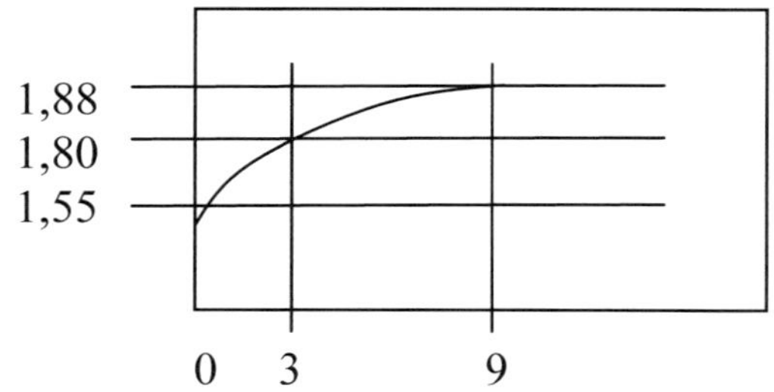

Der Boden nimmt an Dichte zu bis Poren gefüllt sind.

31. Wie viel Wasser können folgende Böden halten? Angabe von/bis in Gew.-%

- **Sand – 4 – 10**
- **Sandiger Kies – 2 – 6**
- **Hochplastischer Ton – 40 – 80**
- **Sandiger Schluff – 16 –20**
- **Toniger Schluff – 18 –25**

32. Im Labor wurde für einen Boden eine Proctordichte von 2,04 g/cm³ ermittelt. Mit dem Ballongerät wurde am Einbauort eine Dichte von 1,96 g/cm³ bestimmt.
Wie hoch ist der Verdichtungsgrad?
Ist er ausreichend, wenn 97 % erreicht werden sollen?
Wie kann ggfs das Ergebnis verbessert werden? (2 Möglichkeiten nennen)

- **1,96 x 100 / 2,04 = 96,078 %**
- **Nein er kann nicht verwendet werden, da er die geforderten 97 % nicht erreicht hat.**
- **Nachverdichten**
- **Ggfs bewässern oder trocknen lassen**
- **Bodenverbesserung durch beimengen von Kalk/Zement**

33. Was wird mit der Schlämmanalyse ermittelt?

- **Damit wird der Feinstkornanteil unter 0,063 mm ermittelt**

34. Kalke werden in 3 Gruppen unterschieden, in welche?

- **Luftkalke**
- **Hydraulische Kalke**
- **Hochhydraulische Kalke**
- **Wasserkalke**

35. Welche Werte benötigt man, um die Konsistenzgrenze eines Bodens zu ermitteln?

- **Fließgrenze**
- **Ausrollgrenze**

36. Führen Sie fünf verschiedene Verbauarten auf?

- **waagerechter Verbau**
- **Berliner Verbau**
- **Senkrechter Verbau**
- **Spundbohlen**
- **Dielenverbau**
- **Fertigverbau aus Stahl**

37. Nennen Sie zwei Methoden für die Bestimmung der Rohdichte auf der Baustelle:

- **Verdrängungsverfahren**
- **Thaulow Verfahren (nicht genormt)**

38. Nennen Sie fünf genormte Zementarten und führen Sie die Benennung und Ihre Kurzzeichen auf:

- Portlandzement	**CEM I**
- Portlandhüttenzement	**CEM II**
- Hochofenzement	**CEM III**
- Puzzolanzement	**CEM IV**
- Kompositezement	**CEM V**

39. Welche Zementfestigkeitsklassen werden im Straßenbau bevorzugt verwendet ?

- **32,5 – 42,5 N/mm²**

40. Betonpflastersteine werden aufgrund ihrer Vielfalt und Form in Gruppen eingeteilt.

- **wie viele sind das: 2 (Verbundsteinpflaster und Gestaltungspflaster)**
- **Nennen Sie 5 dieser Gruppenbezeichnungen**
- **Sechseckpflaster**
- **Doppel-T Pflaster**
- **V Verbundpflaster**
- **W Verbundpflaster**
- **Kreuzformpflaster**
- **S Verbundpflaster**
- **Rechteckpflaster**

41. Nennen Sie drei Hauptgruppen der Natursteine:

- **Erstarrungsgesteine**
- **Abglagerungsgesteine**
- **Umwandlungsgesteine**

42. Zu welchen Gesteinsgruppen gehören die fünf aufgeführten Minerale?

- **Basalt-Erstarrungsgestein**
- **Kies-Ablagerungsgestein**
- **Granit-Erstarrungsgestein**
- **Kalkstein-Ablagerungsgestein**
- **Marmor-Umwandöungsgestein**

43. Welche Kornform ist im Straßenbau erwünscht?

- **zum besseren Verbund des Korngerüstes ist ein gebrochenes Material gewünscht.**

44. Nennen Sie drei Prüfverfahren zur Bestimmung der Eigenschaften von Bitumen?

- **Nadelpenetration**
- **Ring-Kugel Verfahren**
- **Brechpunkt nach Fraaß**

45. Erläutern Sie die Bezeichnung der folgenden Bindemittel:

- B 80:	**Bitumen mit 8 mm eindringtiefe bei Nadelpenetration**
- U 60 K:	**Bitumenemulsion, unstabil, 60 % Bitumenanteil**
- FB 500:	**Fluxbitumen**
- HVB 85/95:	**Hochvakuumbitumen Erweichungspunkt Ring-Kugel bei 85°C 9,5 mm Nadeleindingtiefe.**
- 85/25:	**Ring-Kugel Verfahren: bei 85 °C, 2,5 mm Nadeleindringtiefe**

46. Was muss bei der Verarbeitung von Kaltbitumen, hinsichtlich der Sicherheit beachtet werden?

- **Behälter gegen Sonneneinstrahlung schützen**
- **Feuergefährlich, striktes Rauchverbot**

47. Für welche Asphaltschichten wird die Stempeleindringtiefe als Standfestigkeitdsnachweis herangezogen?

- **Gussasphalt**
- **Splittmastix**

48. Die Lagerungsdichte eines Asphaltes wird mit der Raumdichte beschrieben. Wozu wird die Raumdichte benötigt und welchen praktischen Nutzen hat dieser Wert?

- **Raumdichte = unverdichteter Asphalt.**
- **Für den Transport ist es wichtig wie viel geladen werden kann und noch benötigt wird.**

49. Welche Einbautemperaturen (von/bis) dürfen bei den verschiedenen Bauweisen benutzt werden?

- Heißeinbau	**> 120 °C**	**(Straßenbaubitumen)**
- Warmeinbau	**40 – 120 °C**	**Fluxbitumen**
- Kalteinbau	**< 20**	**Bitumenemulsion**

Vermessung:

1. Welcher Unterschied besteht zwischen Messen und Abstecken?

- **Messen = Aufmaß; dient der Abrechnung**
- **Abstecken ist die Übertragung des Entwurfes in die Örtlichkeit**

2. Erklären Sie die Begriffe:

- **Tangente, Ordinate, Abszisse, Bogenanfang, Bogenende und Sehne an einer Skizze.**

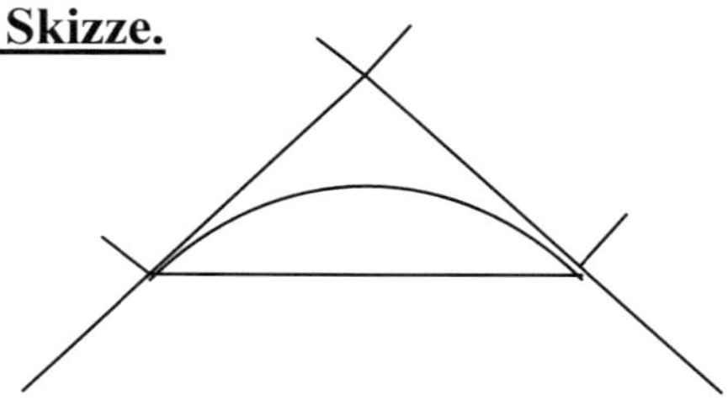

3. Wozu werden Korbbögen und Klotoiden im Straßenbau eingebaut?

- **Korbbogen wird bei Einmündungen eingesetzt; Er entspricht der Schlepplinie eines Bemessungsfahrzeuges.**
- **Klotoiden werden für Kurven Ein- und Ausfahrten zwischen Gerade und stetiger (Kreisbogen) Kurve genutzt, zum ein bzw. ausleiten. Damit man nicht sofort von der Geraden in den Kreisbogen ein- bzw. ausfährt.**

4. Was ist ein Wechselpunkt?

- **Ist der Punkt das Wechsels beim Höhenübergangspunktes beim Wechsel des Nivelliergerätes.**

5. Erklären Sie den Unterschied zwischen Lageplan und Höhenplan.

- **Lageplan: Horizontal; Grundriss**
- **Höhenplan: vertikal; Darstellung; Aufriss; Krümmungsband; Querneigungsband; Mathematisch 3 dimensionale Darstellung sowohl in der Lage als auch im Verlauf.**

6. Welche Möglichkeiten gibt es rechte Winkel abzustecken und welche Geräte benötigt man dazu?

- **Bauwinkel; Schreinerwinkel; 3-4-5 Verhältnis; Bogenschlag;**
- **Winkelprisma; Doppelpentagon; Theodolith;**

7. Was ist ein Koordinatensystem?

- **Aufstellung der Achsen in einem rechten Winkel**
- **Koordinatensysteme sind zum Beispiel: Landeskoordinaten mit X-Richtung nach Norden**

8. Was ist eine Trasse?

- **Ein An- oder Einschnitt im Gelände, der einen Straßenverlauf ermöglicht**
- **Linienführung in Lage und Höhe**

9. Welche Verfahren zum Abstecken von Kreisbögen erfordern keinen Mittelpunkt?

- **Abstecken von Tangente und Sehne**

10. Wie wird auf der Baustelle eine Höhe aus der Zeichnung übertragen?

- **Durchnivellieren**
- **Gliedermaßstab**
- **Pie mal Daumen**

11. Wie groß ist die Entfernung, wenn Sie am oberen und am unteren Teilstrich einer Nivellierlatte 1,563 und 1,431 ablesen?

- **Oberer Wert minus unterer Wert. Differenz mal 100 gleich Entfernung in m.**

12. Was ist ein Baulaser und wo findet er seine Anwendung?

- **Er ist ein Flächen- und Linienmessgerät**
- **Kein optisches Gerät**
- **Z.B. Kanallaser; Rundlaser**

13. Wie kann man eine Gerade abstecken?

- **Durch Fluchten, durch optisches Gerät, (z.B. Linienlaser);**
- **Nivellier; Theodolith max. 100 – 150 m**
- **Berechnung über einen Polygonzug**

14. Welches ist der primäre Zweck einer jeden Messung?

- **Die Bestimmung der Entfernung zwischen 2 oder mehreren Punkten.**
- **Aufmaß der Örtlichkeit für Mengenermittlung.**

15. Welche Möglichkeiten gibt es zum Aufmessen unregelmäßig begrenzter Flächen?

- **Orthogonalverfahren, Polaraufnahme mittels optischen Geräten Nivellier, Theodolith, Totalstation**
- **Einteilen der Flächen in Dreiecke, Trapeze, Kreissegmente, Kreisausschnitte**

16. Was versteht man unter den Begriffen Gefälle, Steigung und Neigung?

- **Gefälle und Steigung ist in Längsrichtung**
- **Neigung in Querrichtung**
- **Im Verhältnis von h/l ; 1/n ; %**

17. Was versteht man unter einer Gradiente?

- **Darstellung der Bezugslinie der Achse im Aufriss (Höhenplan)**

18. Wie nehme ich vorhandene Höhen auf?

- **Nivellier; Höhennivellement;**
- **Messen von der horizontalen Setzlatte**

19. Erklären Sie die Begriffe Regelquerschnitt und Querprofil?

- **Regelquerschnitt ist ein Schnitt senkrecht zur Achse mit allen Bestandteilen der Straße**
- **Querprofil: Schnitt quer zur Längsachse an Stationen angeordnet**

20. Was sind Winkelfunktionen und wozu kann man sie benutzen?

- **Die Seitenverhältnisse von Winkeln in einem Dreieck**

21. Welche Vorteile hat ein Baulaser gegenüber einem Nivellier?

- **Bedienbar von 1 Person**
- **Einsatzbereiche von den Geräten sind unterschiedlich**

22. Welche Nachteile haben die 1/4 Methode und das Gitterverfahren?

- **Ungenauigkeit**
- **wenn die Sehne größer ist wie 10 m, wird es sehr ungenau**

23. Was heißt Simpson´sche Formel, und was ist bei Ihrer Anwendung zu beachten?

- **Eine Formel zur Baugrubenberechnung nach Herrn Simpson**
- **Dient der Mengenermittlung**
- **A = h/6 x (Au + 4Am +Ao)**

24. Zu wie viel Grad ergänzen sich bei einer Kreiskurve der Zentrierwinkel und der Winkel der Winkel am Tangentenschnittpunkt?

- **180° oder 200 gon**

25. Mit welchen Regeln lassen sich Vermessungsfehler weitgehend vermeiden?

- **Durch sinnvolle Ergänzungsmessungen**
- **Kontrollmessung**

26. Was ist Verkehr?

- **Bewegungen von Gütern und Personen zum Erhalt der Wirtschaft.**
- **Flug, Schifffahrt, Schiene, Straße**

27. Wie erfolgt die Begründung der Notwendigkeit einer Straßenbaumaßnahme?

- **Durch erschwerte Unterhaltung (Schlaglöcher)**
- **Veränderte Belastung**
- **Häufung von Verkehrsunfällen**
- **Stau**

28. Wie wird eine Straßenbaumaßnahme der öffentlichen Hand finanziert?

- **Eigenmittel (Anliegerbeiträge)**
- **Steuern**
- **Kredite**

29. Welche Vorschriften sind bei der Planung einer Straße zu beachten?

- **Straßenbaurichtlinien der Forschungsgesellschaft / FGSV**
- **Bundesverkehrsminister**
- **Richtlinien und Merkblätter**

30. Welches sind die wichtigsten Grundlagen der Straßenplanung?

- **Sicherheit, Wirtschaftlichkeit, Leistungsfähigkeit**
- **Gesetzgebungen die für die Straßenplanung erforderlich sind**

31. Was ist die Grundlage einer Straßentrassierung?

- **Netzplane der Landesregierung**
- **Bebauungspläne der Städte**
- **Plan: basiert auf gesetzlichen Grundlagen**
- **Gesetz: Grundbesitz, frei entscheibar**
- **Mathematik: Achse = Grundlage**

32. Wo stehen die Richtwerte einer Trassierung?

- **RAS-L Autobahn usw.**
- **RAS-T Anliegerstr. + Erschließungsstr.**

33. Wie groß ist die Regelneigung einer Straßenböschung?

- **1 : 1,5 oder größer, zur Vermeidung von Grundbruch**

34. Wie erfolgt die Einteilung der Straßen und wo ist dies beschrieben?

- **in 6 Kategorien laut Straßenbaurichtlinien**

35. Wo findet man die Regellichtraummaße von Straßen?

- **RAS-L auf Landstraßen**
- **RAS-T auf Stadtstraßen**

36. Was gehört zu einer Straßenplanung? Die wichtigsten Bestandteile einer Planung für die Bauausführung sind gefragt!

- **Lageplan; Höhenplan; Regelquerschnitte; Absteckplan; Deckenhöhenplan; Querprofile; Mengenermittlungen;**

37. Wie lang darf eine Zwischengerade sein?

- **bei gleichgerichteten Bögen lt. RAS-L abhängig von der Geschwindigkeit**
- **bei gegensinnigen Bögen lt. RAS-L abhängig von der Geschwindigkeit**

38. Wie lang muss eine Zwischengerade sein?

- **zwischen gleichgerichteten Bögen: Straßen unmittelbar aneinander (können), es sollte eine Mindestfahrtdauer von 2 sec vorhanden sein, natürlich abhängig von der Geschwindigkeit; ab 5 m eigenes Trassierungselement**
- **bei gegensinnigen Bögen: direkt aneinander**

39. Welche Bestandteile hat ein Bogen oder eine Kurve?

- **Klothoiden und Kreisbogen**

40. Wie sind die Einsatzgrenzen der Bestandteile eines Bogens untereinander?

- **in Abhängigkeit von der Geschwindigkeit, RAS-L Seite 14**
- **Bögen müssen in der Relationstrassierung aneinander passen**
- **Grenzwerte siehe RAS-L**

41. Wie sind die Einsatzgrenzen der Verhältnisse der Bogenfolgen?

- **siehe oben**

42. Wie groß ist die Mindestregelquerneigung?

- **≥ 2,5 %**

43. Was muss bei Verwindungsstrecken vermieden werden?

- **Das Längs und Querneigung nicht gleichzeitig bei 0 liegen**
- **Verwindung nicht zu lange unter 2,5 % lassen**

44. Wann ist eine Kurvenverbreiterung notwendig?

- **Wenn zwei Fahrzeuge in der Kurvenfahrt sich in ihren Schleppkurven überschneiden können**

45. Welche Bestandteile hat ein Höhenplan?

- **Tangente, Kuppe oder Wanne, Höhenangaben, Stationierungen, Querneigungsband, Krümmungsband, Fahrbahnbreitenband, Angabe Steigung und Gefälle, Halbmesser,**

46. Was ist beim Fluchten zu beachten?

- **Steigend messen, Fluchtstäbe lotrecht stellen, von hinten nach vorne fluchten**

47. Was ist beim Tafeln zu beachten?

- **Es entsteht keine horizontale**

48. Was bedeuten NN und HFP?

- **Normal Null gemessen am Amsterdamer Pegel**
- **HöhenFestPunkt**

49. Was ist ein Theodolith?

- **optisches Instrument zum Höhen- Entfernungs- und Winkelmessen, horizontal und vertikal**

50. Wo findet ein Theodolith seinen Einsatz und was kann man damit machen?

- **Für Geländeaufnahmen, zur Errechnung der Polygonzüge, zum Abstecken von Strecken und Höhen, horizontal und vertikal, Höhe und Neigung**

Hier ist Platz für Ihre eigenen Notizen:

9 783842 348875